电力安全教育可视化手册

起重作业

浙江浙能电力股份有限公司　组编

中国电力出版社
CHINA ELECTRIC POWER PRESS

内 容 提 要

生命至上，安全第一。安全生产由无数细节组成，本丛书针对电厂日常生产过程中检修维护及零星工程施工所涉及的高风险作业以及工器具的使用，通过图片和文字注释方式，系统展示了作业过程中安全工作规范和基本知识要点，力求达到身临其境的"可视化"效果。

本分册主要介绍常用起重机具及设备，轻小型起重设备安全操作，起重机的布置及使用，吊具、索具的使用。

本书可供电力工程建设人员及电厂各级安全生产岗位人员培训和学习使用。

图书在版编目（CIP）数据

电力安全教育可视化手册. 起重作业 / 浙江浙能电力股份有限公司组编 . — 北京：中国电力出版社，2019.12
　　ISBN 978-7-5198-3196-7

　　Ⅰ . ①电… Ⅱ . ①浙… Ⅲ . ①电力工业－安全生产－安全教育－手册 ②起重机械－操作－安全教育－手册 Ⅳ . ① TM08-62

中国版本图书馆 CIP 数据核字（2019）第 256443 号

出版发行：中国电力出版社
地　　址：北京市东城区北京站西街 19 号（邮政编码 100005）
网　　址：http://www.cepp.sgcc.com.cn
责任编辑：莫冰莹（010-63412526）
责任校对：黄　蓓　马　宁
装帧设计：张俊霞
责任印制：杨晓东

印　　刷：北京瑞禾彩色印刷有限公司
版　　次：2019 年 12 月第一版
印　　次：2019 年 12 月北京第一次印刷
开　　本：880 毫米 ×1230 毫米 32 开本
印　　张：2
字　　数：38 千字
印　　数：00001—13000 册
定　　价：26.00 元

编委会

前 言

习近平总书记在党的十九大报告中指出，要树立安全发展理念，弘扬生命至上、安全第一的思想，健全公共安全体系，完善安全生产责任制，坚决遏制重特大安全事故，提升防灾减灾救灾能力。安全是企业生存和发展的基础，更是保障员工幸福的根本，必须把安全始终置于工作首位，不断强化红线意识和底线思维，提高企业本质安全水平，这是安全生产的初心和使命。

做好安全生产，教育先行，安全教育不忘初心就要切实让教育起到效果，让安全深入人心。本丛书针对电力企业日常生产过程中检修维护及零星工程施工所涉及的高风险作业以及工器具的使用，系统展示了作业过程中安全工作规范和基本知识要点，书中以工程现场实际图片为主体，并加以文字注释，通过图文结合的可视化方式，对工程施工现场作业安全合规与不合规的正反两方面分别进行解读，使安全标准化作业直观易懂，能给阅读者留下深刻印象，是安全管理人员、工程施工人员掌握安全生产相关标准、规范的得力工具。

本丛书共分八个分册，包括：扣件式钢管脚手架作业、高处作业、施工用电、电焊与气焊作业、起重作业、有限空间作业、常用电动工具使用和危险化学品作业。本丛书可供电力工程建设人员及电厂各级安全生产岗位人员培训和学习使用。

本书不足之处，敬请批评指正。

编者

2019 年 12 月

编写说明

为便于施工作业人员、生产管理人员掌握起重作业基本安规知识和现场检查使用，特编制本手册。本手册内容主要适用于检修作业及零星工程施工项目。

本手册主要依据 GB 26164.1—2010《电业安全工作规程　第 1 部分：热力和机械》、DL 5009.1—2014《电力建设安全工作规程　第 1 部分：火力发电》和浙江省能源集团有限公司《起重设备机械检查表》编写。

目 录

前言
编写说明

一　常用起重机具及设备

常用起重机具及设备包括螺旋千斤顶、手拉葫芦、电动葫芦、卷扬机、行车、汽车吊等。

螺旋千斤顶

手拉葫芦

电动葫芦

卷扬机

行车

汽车吊

二 轻小型起重设备安全操作

（一）手拉葫芦的安全操作

1 手拉葫芦使用前应进行检查，各机件完好无损（吊钩、链条、轮轴、链盘），有锈蚀、裂纹、损伤、传动部分不灵活的情况应严禁使用。

链盘

链条

吊钩

❷ 手拉葫芦的上升、下降高度不得超过标准值，防止链条拉断造成事故。

上升或下降重物的距离超过了规定的起升高度

3 手拉葫芦的链条使用时不得翻转、扭曲，使用时不得歪拉斜吊。

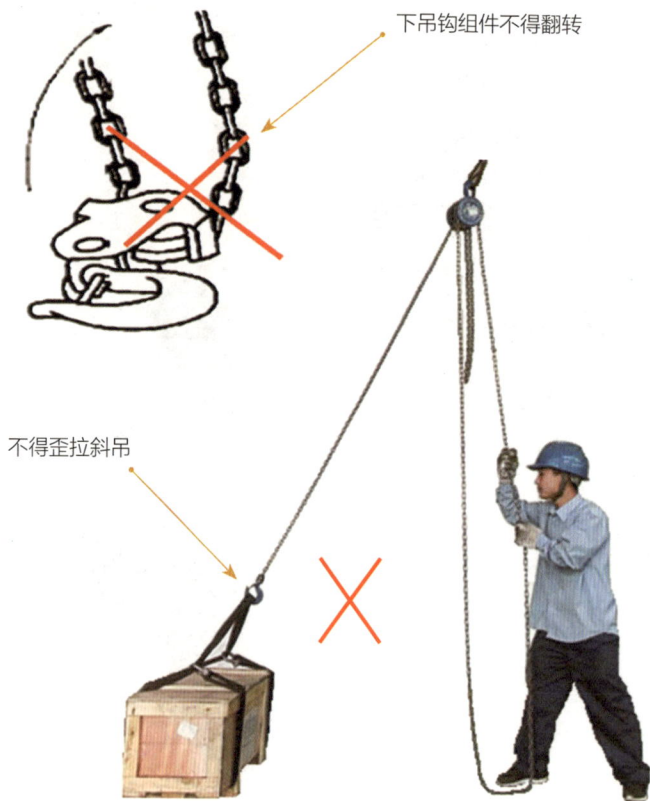

下吊钩组件不得翻转

不得歪拉斜吊

④ 严禁将手拉葫芦的下吊钩回扣到链条上进行起吊。

不得将下吊钩回扣
到链条上进行起吊

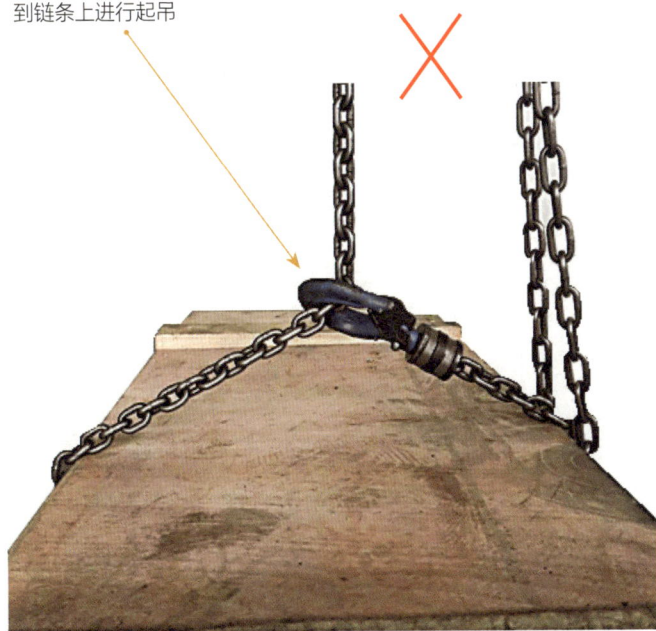

⑤ 不得起吊超过额定起重量的重物。手拉葫芦应按规定人数操作，遇拉不动的情况应查明原因，不得随意增加拉力。

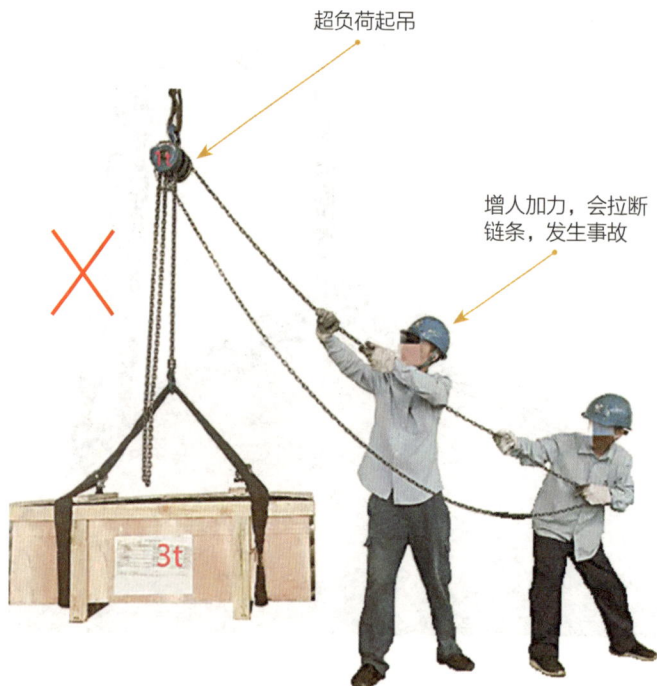

超负荷起吊

增人加力，会拉断链条，发生事故

3t

6 手拉葫芦不得抛摔，搬运时起重链不得拖地摩擦。

抛掷手拉葫芦

7 手拉葫芦使用完毕后应进行保养，妥善保存。

（二）卷扬机的安全操作

1 使用过程中严禁在卷筒附近用手扶钢丝绳，严禁超负荷使用，不得跨越正在行走的钢丝绳，保证卷扬机卷筒上的钢丝绳最少应保留 5 圈。

不得跨越正在
行走的钢丝绳

卷筒钢丝绳
缠绕不规则

严禁在卷筒附近
用手扶钢丝绳

卷筒上的钢丝绳
最少应保留 5 圈

2 卷筒绳应排列规则，防止吊装时发生跳绳而产生动态力以致造成吊装事故。

卷筒上的钢丝
绳应排列规则

（三）行车的安全操作

1 使用电厂起重设施，应提前申请并填写使用申请单，使用人员要经过安全技术交底。

起重设备使用申请表

起重设备使用申请表

编号

申请使用单位：			
申请使用时间：			
使用地点：			
操作人员		联系方式	
使用电动葫芦告知：起重葫芦十不吊。十不吊内容：1、指挥信号不明或违章指挥不吊；2、超载不吊；3、工件捆绑不牢不吊；4、安全装置不灵不吊；5、吊物上面有人不吊；6、工件埋在地下不吊；7、光线阴暗视线不清不吊；8、棱角物件无安全防护措施不吊；9、斜拉工件不吊；10、六级以上强风不吊。 操作人员同意并确认签字：			
使用前设备运行情况 操作人员：			
使用后设备运行情况 维护人员：			
使用结束验收时间：			
备注：			

注：十不吊内容：1、指挥信号不明或违章指挥不吊；2、超载不吊；3、工件捆绑不牢不吊；4、安全装置不灵不吊；5、吊物上面有人不吊；6、工件埋在地下不吊；7、光线阴暗视线不清不吊；8、棱角物件无安全防护措施不吊；9、斜拉工件不吊；10、六级以上强风不吊。

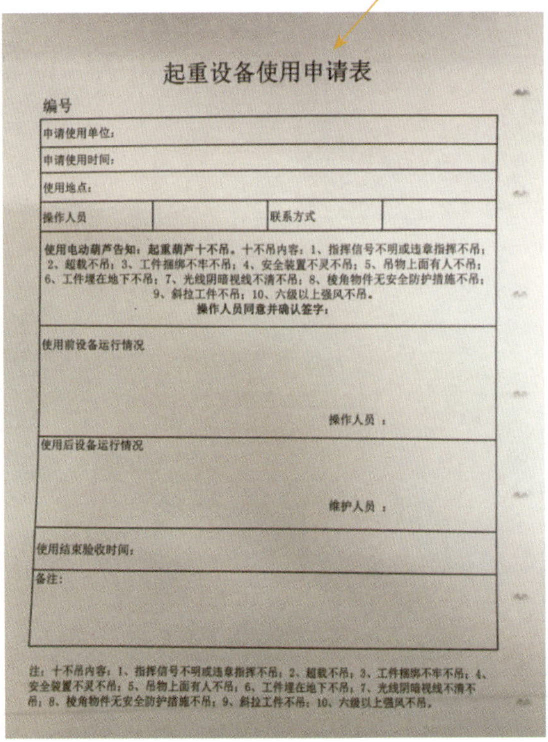

2 起重操作人员必须经过质量技术监督部门考核合格后，持证上岗工作。

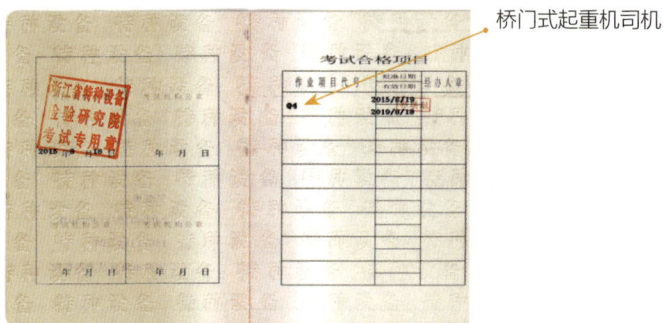

桥门式起重机司机

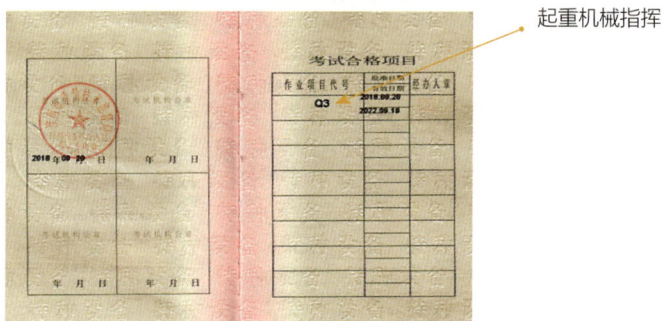

起重机械指挥

❸ 司机在开车前必须鸣铃示警，必要时，在吊运中也要鸣铃，通知受负荷威胁的地面人员撤离。严禁在人头上越过。吊运物件不得离开地面过高。

起吊物严禁在人头上越过

4 行车使用结束后，对设备进行缺陷检查和消缺，并将操作手柄放置于安全防护盒内上锁。

操作手柄盒应上锁

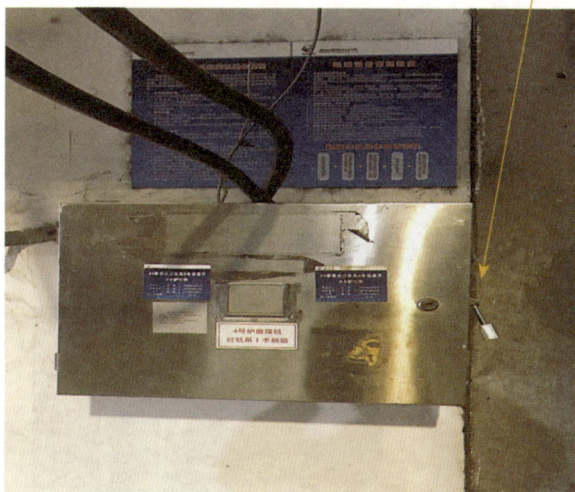

（四）千斤顶的安全操作

1 使用前应检查各部分是否完好，油液是否干净。油压式千斤顶的安全栓有损坏，或螺旋、齿条式千斤顶的螺纹、齿条的磨损量达 20% 时，严禁使用。

2 千斤顶必须垂直地放在荷重的下面，必须安放在结实或垫以硬板的基础上。

增加防
滑胶垫

3 千斤顶必须与荷重面垂直，其顶部与重物的接触面间应加防滑垫层。

❹ 千斤顶严禁超载使用，不得加长手柄，不得超过规定人数操作。

不得增长手柄，两人操作

5 千斤顶只能顶升，不能作支撑工具，不能在仅用千斤顶顶升的物体下工作。

腿处于负载下方

使用固定支架

6 不使用时，将千斤顶手柄拆下，防止影响通行，人员绊倒造成千斤顶倾翻、设备倒塌。千斤顶不得在长时间无人照料下承受荷重。

未及时拆除手柄

7 千斤顶的下降速度必须缓慢，严禁在带负荷的情况下使其突然下降。

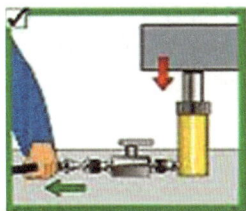

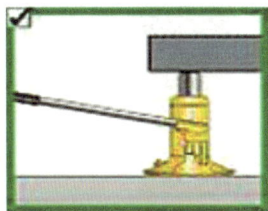

8 油压式千斤顶的顶升高度不得超过限位标志线。螺旋及齿条式千斤顶的顶升高度不得超过螺杆或齿条高度的 3/4。

9 用两台及两台以上千斤顶同时顶升一个物体时，千斤顶的总起重能力应不小于荷重的 2 倍。顶升时应由专人统一指挥，确保各千斤顶的顶升速度及受力基本一致。

三　起重机的布置及使用

1 起重机械为特种设备，特种设备作业人员应取得相应的《特种设备作业人员证》或《建筑施工特种作业人员操作资格证书》方可从事相应作业。

质量技术监督部门核发的《特种设备作业人员证》

建设主管部门核发的《建筑施工特种作业人员操作资格证书》

❷ 起重吊装作业的设备安全。持政府职能部门颁发的有效期内的安全检验合格证明、有效期内的设备参保保险证、起重机检验报告。

③ 汽车起重机起吊重物时，必须将支座盘牢靠地连接在支腿上，支腿应可靠地支承在坚实的地面上。

地基不实，
支腿下沉

4 施工前吊机站位区域应确保地面夯实、平整，根据施工现场情况履带吊应设路基板；汽车吊的支腿应能完全伸展，支腿垫板要放置在水平地面上，且垫板面积大于支腿板底部面积。

垫木面积小

⑤ 卡车起重机正确伸腿，所有车轮必须完全离开地面，否则起重车内部轴承在受力情况下会变形，同时起重机的起重能力也将极大减小。

应垫钢板或枕木

垫块大小：

起重机类型	垫块大小	备注
卡车起重机	600mm × 600mm × 厚度	材质为钢板时，厚度为19mm；材质为木板时，厚度为90mm
其他起重机	900mm × 900mm × 厚度	

6 起重机作业区域设置隔离警示带及警示标志，指挥人员、监护人员必须到位，作业人员持有特种作业证件，起重指挥工穿戴信号指挥袖章及马甲。

正确的布置

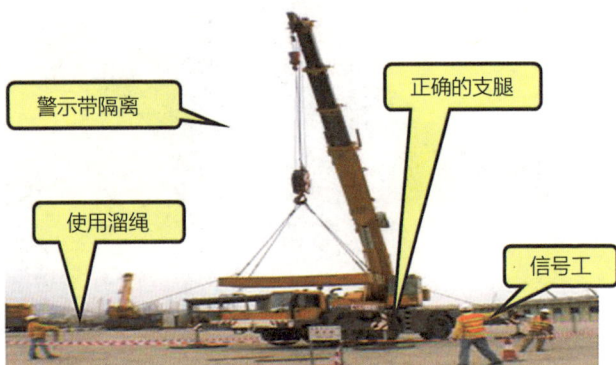

警示带隔离

正确的支腿

使用溜绳

信号工

7 各式起重机的技术检查，每年至少一次。

8 移动式起重机的驾驶室内应装有音响和色灯的信号装置，以备操作时发出警告。

知道啦，知道啦！下次打铃……

你启动行车前先打个铃吧！

行车启动前应鸣警铃或发信号

9 起重机械只限于熟悉使用方法并经有关机构业务培训考试合格、取得操作资格证的人员操作。

让非起重工捆绑绳索

⑩ 起吊重物前应由工作负责人检查悬吊情况及所吊物件的捆绑情况，认为可靠后方准试行起吊。

起吊重物前未检查悬吊情况及所吊物件捆绑情况的错误做法

好了，好了，吊上去吧。

⑪ 起吊重物不准让其长期悬在空中。有重物暂时悬在空中时，严禁驾驶人员离开驾驶室或做其他工作。

司机去哪了？

起吊重物长期悬在空中或有重物暂时悬在空中时，驾驶人员离开驾驶室或做其他工作的错误做法

12 吊运有爆炸危险的物品（如压缩气瓶、强酸强碱、易燃性油类等），应制订专门的安全技术措施，并经主管生产的领导批准。

四　吊具、索具的使用

吊具，是指用于将需要吊运的重物与起重机械承载钢丝绳（或者链条）联结起来，以实现吊运目的的起重机械部件，属于起重机械本体的一部分，如起重机械吊钩、抓斗、电磁吸盘、集装箱专用吊具等。

索具，是指吊具与吊运重物有效联结的辅助用具，如用于捆绑重物并联结吊钩的绳索、吊带、链条等。

钢板夹钳（起重钳）

吊钩

吊具

绳卡

圆形吊装带　钢丝绳　平形吊装带

索具

（一）吊带的使用及注意事项

吊带主要包括扁平吊装带、圆形吊装带和栓紧带。

扁平吊装带

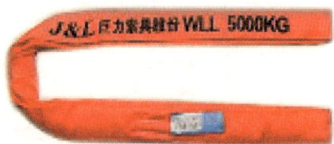

圆形吊装带

栓紧带

① 吊物下如挂有吊索，落地或装车前应预先放置垫木，以免抽绳及下次穿绳造成安全隐患。

2 两点起吊不得直接兜吊，以免吊物滑脱。

3 吊装带遇有棱角要保护。

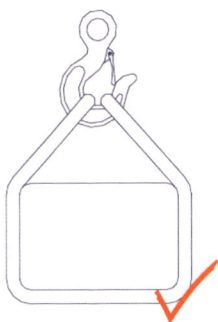

圆角可不加保护套

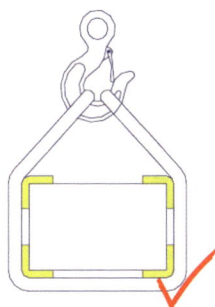

锐边处应加保护套

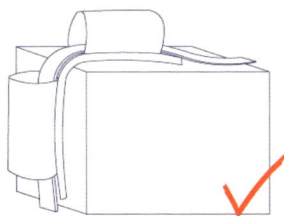

正确

4 两点起吊时应捆绑固定，以免吊物滑脱，捆绑时吊装带不得扭转。

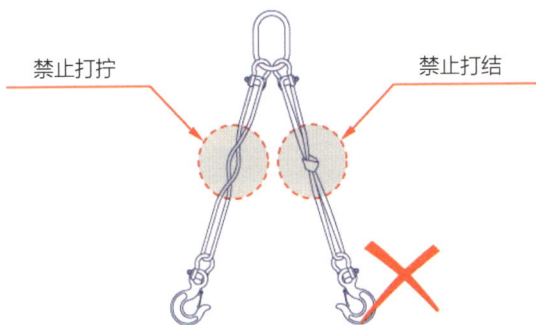

禁止打拧　　　　禁止打结

错误

5 吊带连接禁止打结连接。

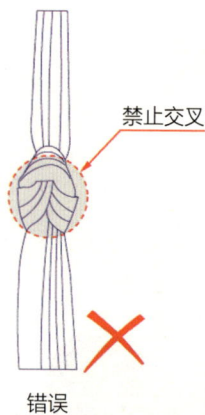

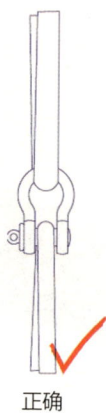

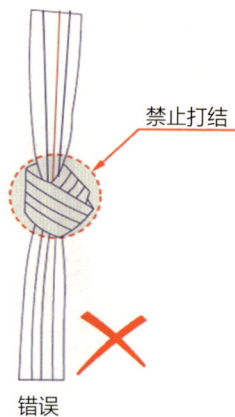

禁止交叉

✗

错误

✓

正确

禁止打结

✗

错误

6 吊带禁止多层缠绕、过度扭转。

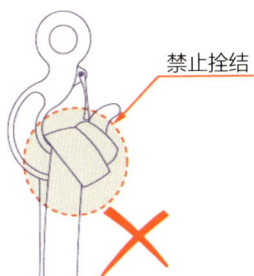

禁止拴结

错误

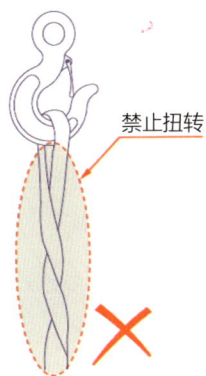

禁止扭转

错误

7 吊带应避免重叠承载。

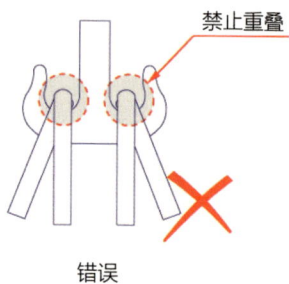

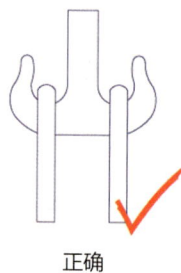

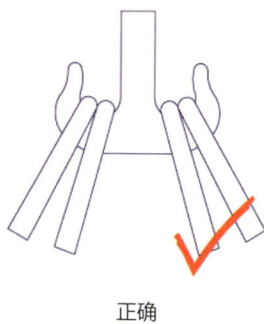

禁止重叠

错误

正确

正确

（二）钢丝绳的使用及注意事项

1 绳卡的使用方法。绳卡应将鞍座放在受力绳一边，U形卡环放在返回的短绳一边，严禁正反排列。

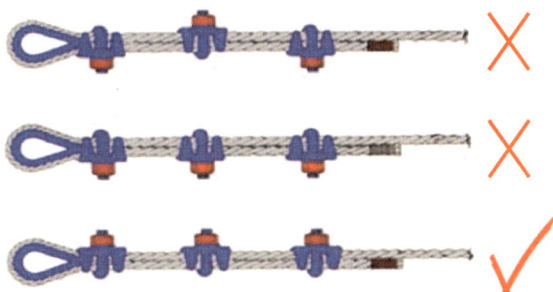

2 钢丝绳不得成锐角折曲、扭结，也不得受夹、受砸而成扁平状。当发现钢丝绳有断股、松散及严重扭结时，应停止使用并报废。

鸟笼

损坏的绳索

扭曲

扭曲

3 钢丝绳不得与设备或构筑物的棱角直接接触，如须接触应采取保护措施。

没有保护的吊索

卷扬机钢丝绳末端
与卷筒固定不牢固

严重断丝

4 钢丝绳在使用过程中应经常检查、修整，如发现磨损、锈蚀、断丝等现象时，应按相关规定，及时更换。

（三）起重吊钩、吊环的使用及注意事项

1 禁止使用变形或弯曲的锁闩。经常检查确认弹簧能将锁闩锁紧在吊钩上。

完好的防脱装置

吊钩防脱装置弹簧失效，可能导致吊绳从钩内滑脱

❷ 使用前检查卡环磨损、破损、破裂、变形情况及 U 形钩的开口情况。

吊钩严重变形

③ 吊钩卸扣的正确使用。

受力点应在绿色区域，这样才安全

4 起重配件卸扣安装时，将卸扣直接挂入吊钩受力中心位置，不能直接挂在吊钩钩尖部位。卸扣安装好后，应保证销轴能在被吊物孔中转动灵活。

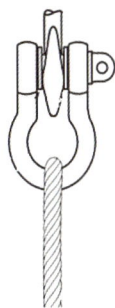

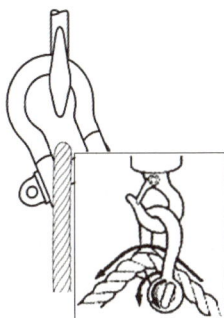

起重作业 "十不吊"

❶ 所吊物体的重量超过起吊机工具的额定负荷时；

❷ 指挥信号不明，所吊物体的重量不明，光线暗淡无法
看清周围情况时；

❸ 吊索和附件捆绑不牢，不符合安全要求时；

❹ 其他人员在所吊挂重物上直接进行加工时；

❺ 歪拉斜挂情况出现时；

❻ 工件上站人或吊装物体上有活动的浮放物时；

❼ 氧气瓶、乙炔瓶等具有爆炸性物品没有专门吊具时；

❽ 吊物边角锋利，没有垫好包角或护垫时；

❾ 埋入地下物体没有采取措施时；

❿ 违章指挥时不准吊。

电力安全教育可视化手册